金闪闪的石头  黄金

这天小鼹鼠和爸爸在河边玩耍。小鼹鼠忽然惊呼："爸爸快看！水下有东西在发光呢！"

鼹鼠爸爸把那个闪闪发光的东西挖了出来，仔细观察了半天，笑着对小鼹鼠说："孩子，我们找到宝贝啦！这可是一块珍贵的黄金呀！！"

小鼹鼠很好奇："黄金为什么会藏在沙子里，它们是从沙子里长出来的吗？"

于是爸爸带小鼹鼠来到了河流的源头。小鼹鼠惊奇地发现，河岸山崖上的石头缝里竟然长了金子！它们有的像树枝，有的像鳞片，还有的像一张细密的网，织在石头表面。

这些石头缝就是黄金"出生"的地方。经过数千万年的风吹雨淋后，坚硬的石头逐渐破碎，变成了许多小石块。那些比较轻的石块，被河水搬到很远的地方。而那些金子碎块很重，河流载着它们没走多远就沉下来。

　　太神奇了，小鼹鼠开心地跳来跳去。突然，他指着一块发亮的石头说："黄金还能长成方方正正的吗？"

　　鼹鼠爸爸笑道："这个家伙确实很像黄金，还总和黄金长在一起，经常被人认错。所以人们给它取了个外号——'愚人金'。愚人金的学名叫'黄铁矿'。"

愚人金 黄铁矿

黄铁矿和黄金的区别很大。你看，黄铁矿的颜色稍微浅一点儿，它们也能长成各种不同的形状，但大部分都有棱有角，不像圆溜溜的黄金。最重要的是，黄金比黄铁矿重得多。一块黄金比四块相同大小的黄铁矿加起来还重！

　　小鼹鼠和爸爸来到一座大山脚下，山上最引人注目的就是一个张牙舞爪的大家伙，此刻它正挥舞着大约15层楼高的巨臂，十分轻松地挖出石块，堆起一座座碎石小山。

　　"爸爸你看，这里也有会发光的石头！"小鼹鼠指向碎石堆里一块泛着蓝光的乳白色石头，兴奋地说。

　　"是月光石啊！"鼹鼠爸爸拿起石头在阳光下转动，只见它表面淡淡的蓝光若隐若现，就像月光一样温柔、神秘。

五颜六色的长石家族

月光石

美丽的月光石属于庞大的家族——"长石族"，长石族占了地壳总重量的60%！

地球就像一只半熟的流心鸡蛋。最外面是一层薄薄的硬壳，叫做地壳；中间像蛋白的部分叫地幔；最中心的地核充满了炽热的岩浆。

地球内部示意图

大部分长石族的成员都生长在几千米至几十千米的地下。当滚烫的岩浆上升到了比较冷的地方，会凝结形成各种各样的石头，就像水在冰箱里冻成冰块一样，诞生了大部分长石。

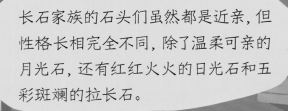

长石家族的石头们虽然都是近亲,但性格长相完全不同,除了温柔可亲的月光石,还有红红火火的日光石和五彩斑斓的拉长石。

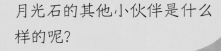

月光石的其他小伙伴是什么样的呢?

在透明的日光石内部,藏着数不清的石头薄片,就像深海里成群游动的鱼儿。这些小薄片在阳光下发出金黄色的反光,如同太阳般闪耀,所以日光石也叫太阳石。拉长石则是长石家族的小彩虹,灰蓝的底色上笼罩着一层彩色光芒,在阳光下会不断变换色彩。

日光石　　　　　　日光石内部薄片

拉长石

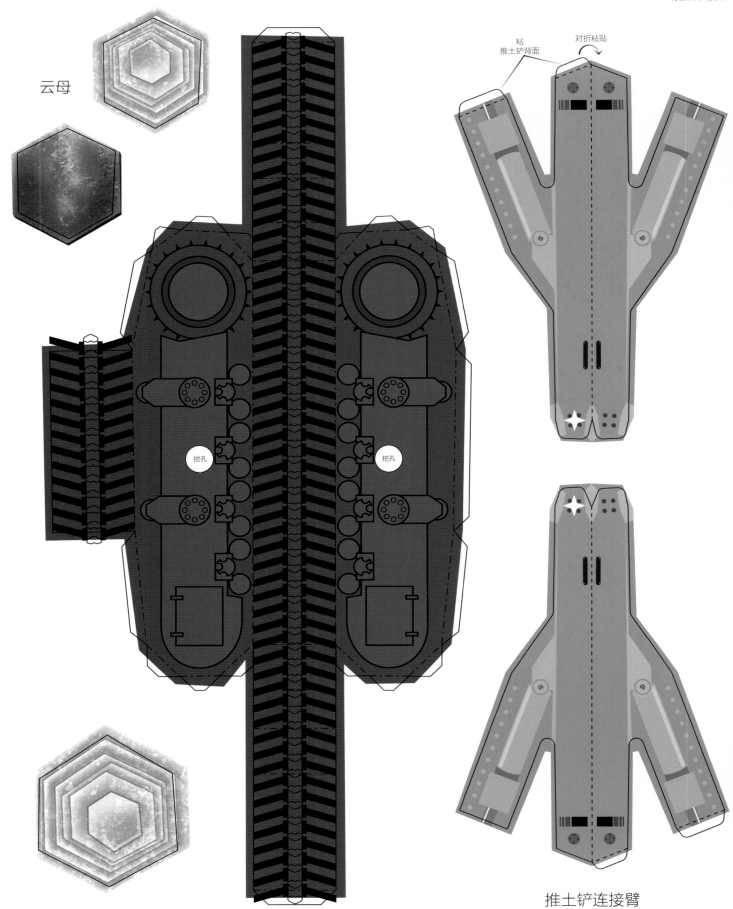

云母

挖孔

挖孔

履带（右）

粘
推土铲背面

对折粘贴

推土铲连接臂

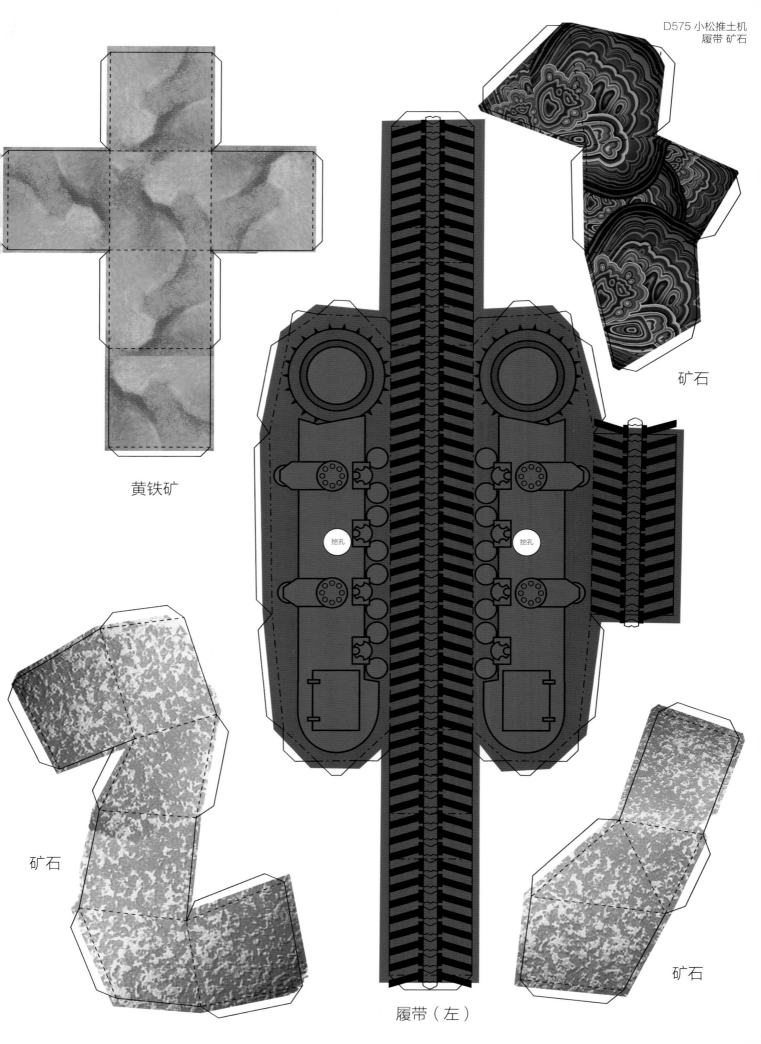

D575 小松推土机
履带 矿石

矿石

黄铁矿

矿石

矿石

履带（左）

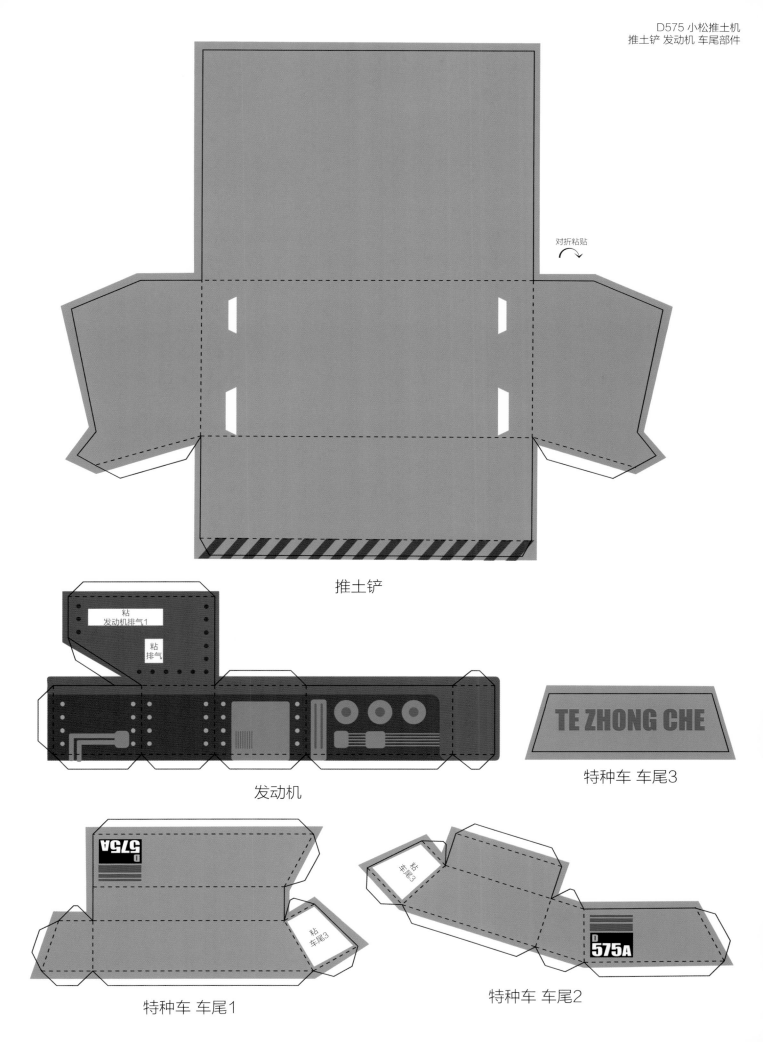

对折粘贴

推土铲

粘
发动机排气1

粘
排气

发动机

TE ZHONG CHE

特种车 车尾3

D 575A

粘
车尾3

特种车 车尾1

特种车 车尾3

特种车
车尾3

D
575A

特种车 车尾2

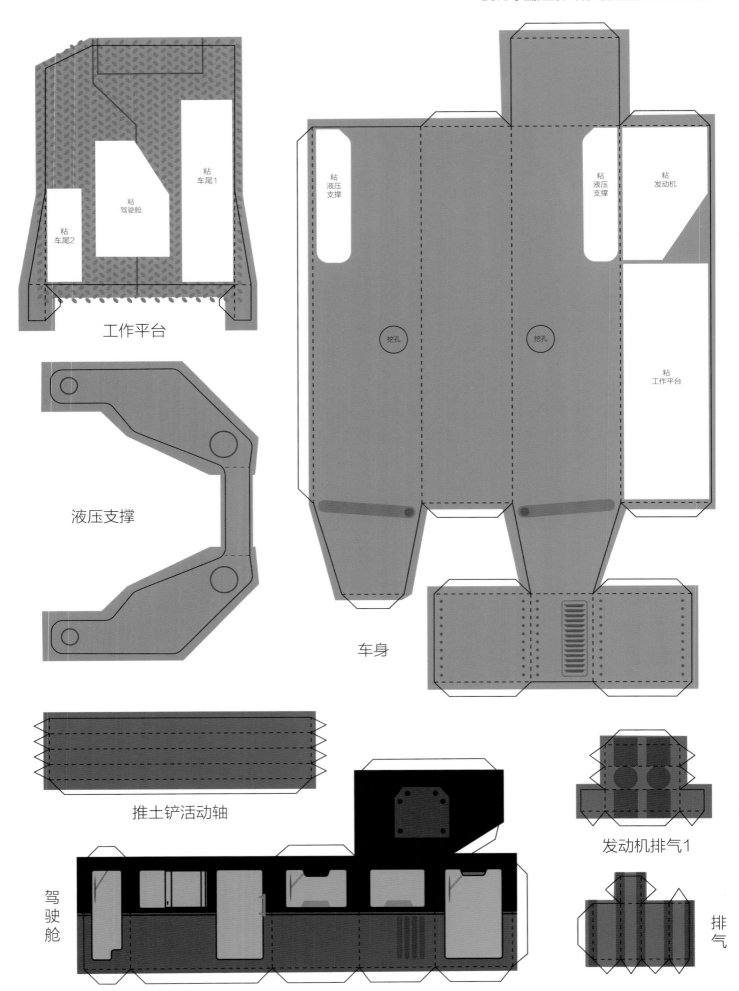

工作平台

液压支撑

车身

推土铲活动轴

驾驶舱

发动机排气1

排气

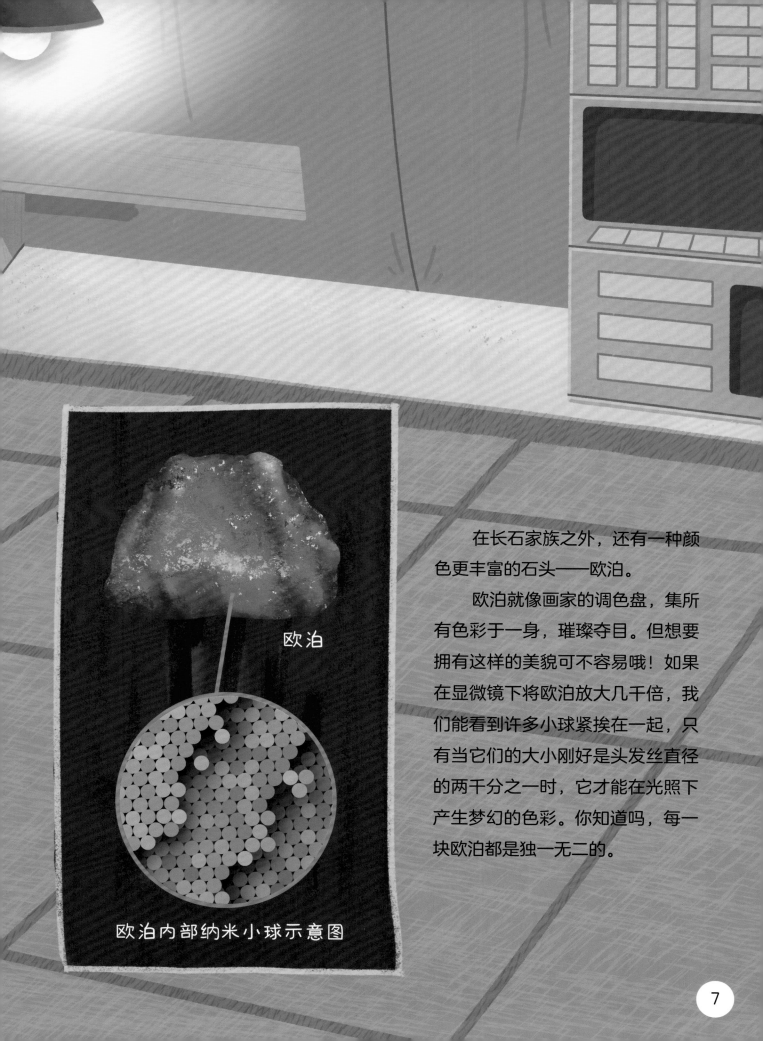

欧泊

欧泊内部纳米小球示意图

在长石家族之外，还有一种颜色更丰富的石头——欧泊。

欧泊就像画家的调色盘，集所有色彩于一身，璀璨夺目。但想要拥有这样的美貌可不容易哦！如果在显微镜下将欧泊放大几千倍，我们能看到许多小球紧挨在一起，只有当它们的大小刚好是头发丝直径的两千分之一时，它才能在光照下产生梦幻的色彩。你知道吗，每一块欧泊都是独一无二的。

萤石

夕阳西下，夜晚就像一张黑布裹住了旷野，此时却被几道蓝绿色的光芒撕开了口子。小鼹鼠和爸爸走近一看，竟然是一块发光的石头！

鼹鼠爸爸掏出紫外灯一照，只见原本是绿色的萤石发出了蓝紫色的光，灯一关，荧光也随之消失了。

这是萤石，白天被太阳晒上一天，到了晚上就会发出明亮的光。古人说的'夜明珠'很可能就是它哦！人们把这种光叫做荧光。

萤石

哇！

萤石发荧光小课堂

1 白天太阳照射，晚上萤石就会发出明亮的光。

2 有些萤石需要用"紫外光"照射才会发光。

3 有些萤石只要受热就会发光。

方解石

小鼹鼠和鼹鼠爸爸继续前进。一个巨大的湿润洞穴出现在他们面前，地面上长着许多石柱，像一棵棵大型竹笋，还有几根一直长到了天花板上。最有趣的是，这些石柱在紫外灯下发出红色、橙色和粉色的荧光，美丽极了！

真是大自然的杰作啊！
这些石笋、石柱统称钟乳石，学名叫方解石。
方解石是分布最广，也是生活中最常见的石头之一，比如建筑时用的"大理石"中主要都是方解石，在鸡蛋壳、贝壳和珍珠中也含有很多方解石。

方解石
（钟乳石）

大理石和方解石的关系好比英语单词和字母。地质学家们把方解石、黄铁矿、月光石、萤石等等，都叫做矿物；而大理石真正的学名叫"大理岩"，是一种岩石。不同矿物组成了各种各样的岩石，就像字母组成了一个个单词。大理岩中最多的矿物就是方解石了，除此之外还可能含有长石、石英等。

为什么说"大理石中主要是方解石"呢？

ROCK

ROCK

哎呀!

一滴水落到了小鼹鼠头上，吓了他一跳，抬头一看才发现，那些倒悬的石柱尖上大部分都挂着小水滴。这是怎么回事呢?

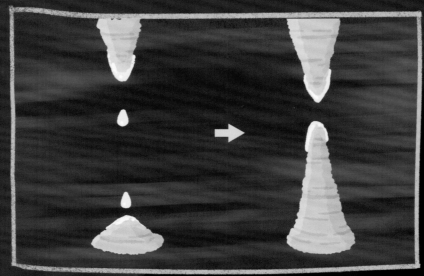

不过，石笋大约一年才能长高0.1毫米。

可别小看了这些水滴，没有它们，就没有这些壮观的钟乳石。水从洞穴上方的岩石裂隙流下来，会携带一些溶解的方解石。这些水滴挂在岩石上，又会在空气中渐渐蒸发，留下方解石，日复一日，最后就形成了这样的锥状。那些落到地面的水滴则长成了石笋。天花板和地上的石笋最终可能会连在一起，形成一根根大柱子。

地质学博士创作的科普绘本 ＋ 手工游戏

这是一套结合了地质科普知识与手工制作的书，共5册。本套书为孩子们讲解有关石头的知识，比如地球的形成，黄金是怎么生成的，化石是什么，哪些石头会发光等等。同时，每册书中含一种工程机械纸模型和矿石纸模型，让孩子亲自参与一次勘探之旅。

插图绘画：梦堡文化

梦堡文化是一家专业做童书和教辅的出版公司，提供选题策划、插图绘制、设计等服务。我们拥有强大的创作团队，致力于丰富儿童的阅读世界，助力儿童健康成长。

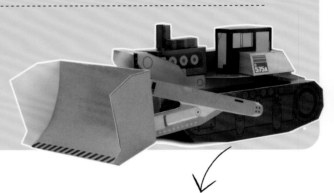

推土机

图书在版编目（CIP）数据

神奇的石头. 石头会发光 / 葛潇著. -- 南昌：江西高校出版社，2024.5
ISBN 978-7-5762-3956-0

Ⅰ.①神… Ⅱ.①葛… Ⅲ.①岩石－儿童读物②工程机械－儿童读物
Ⅳ.①P583-49②TH2-49

中国国家版本馆CIP数据核字(2023)第109743号

神奇的石头：石头会发光
SHENQI DE SHITOU SHITOU HUI FAGUANG

策划编辑：石 岱	印　刷：	北京鑫益晖印刷有限公司
责任编辑：赵 娜 石 岱	开　本：	889 mm×1194 mm　1/16
美术编辑：龙洁平	印　张：	1.5
责任印制：陈 全	字　数：	10千字
出版发行：江西高校出版社	版　次：	2024年5月第1版
社　址：南昌市洪都北大道96号（330046）	印　次：	2024年5月第1次印刷
网　址：www.juacp.com	书　号：	ISBN 978-7-5762-3956-0
读者热线：(010)64460237	定　价：	19.80元
销售电话：(010)64461648		

赣版权登字-07-2023-441　版权所有　侵权必究

建议上架：科普绘本

ISBN 978-7-5762-3956-0

9 787576 239560 >

定价：19.80 元

美丽的春夏钩编 **2**

阳光下的华美钩织

日本宝库社 编著

于 勇 译

清爽的花样钩织与
流光溢彩的亮片
编织而成的美丽毛衫

中原出版传媒集团
中原传媒股份公司

河南科学技术出版社

宝库
编织

Summer Crochet 适于夏日外出的钩针织物

page 2

page 4

page 5

page 6

page 7

page 8

page 9

Charming Flowers 迷人的花形编织

page 10

page 12

page 13

page 14

page 15

page 16

page 17

page 18

page 19

适于夏日外出的钩针织物